GUV-V

Unfallverhütungsvorschrift Feuerwehren

mit Durchführungsanweisungen[2]

Vom Juli 2003[3]

---

1) In die Fassung vom Mai 1989 ist der 1. Nachtrag (Januar 1993) und der 2. Nachtrag (Januar 1997) zu dieser Unfallverhütungsvorschrift eingearbeitet worden.
2) Die Durchführungsanweisungen zu den einzelnen Bestimmungen sind im Anschluss an die jeweilige Bestimmung in *Kursiv-Schrift* abgedruckt.

Durchführungsanweisungen geben vornehmlich an, wie die in den Unfallverhütungsvorschriften normierten Schutzziele erreicht werden können. Sie schließen andere, mindestens ebenso sichere Lösungen nicht aus, die auch in technischen Regeln anderer Mitgliedstaaten der Europäischen Union oder anderer Vertragsstaaten des Abkommens über den Europäischen Wirtschaftsraum ihren Niederschlag gefunden haben können. Durchführungsanweisungen enthalten darüber hinaus weitere Erläuterungen zu Unfallverhütungsvorschriften.

Prüfberichte von Prüflaboratorien, die in anderen Mitgliedstaaten der Europäischen Union oder in anderen Vertragsstaaten des Abkommens über den Europäischen Wirtschaftsraum zugelassen sind, werden in gleicher Weise wie deutsche Prüfberichte berücksichtigt, wenn die den Prüfberichten dieser Stellen zugrunde liegenden Prüfungen, Prüfverfahren und konstruktiven Anforderungen denen der deutschen Stelle gleichwertig sind. Um derartige Stellen handelt es sich vor allem dann, wenn diese die in der Normenreihe EN 45 000 niedergelegten Anforderungen erfüllen.

3) Aktualisierte Ausgabe 2005

Satz und Druck:
W. Kohlhammer Deutscher Gemeindeverlag GmbH

© 2010 · W. Kohlhammer Deutscher Gemeindeverlag GmbH
Verlagsort: Stuttgart
ISBN 978-3-555-01294-0

Inhaltsverzeichnis

I.	Geltungsbereich	5
§ 1	Geltungsbereich	5
II.	Begriffsbestimmungen	6
§ 2	Begriffsbestimmungen	6
III.	Bau und Ausrüstung	7
§ 3	Allgemeines	7
§ 4	Bauliche Anlagen	8
§ 5	Feuerwehrfahrzeuge und -anhänger	10
§ 6	Leitern, Hubrettungsgeräte und Hubarbeitsbühnen	11
§ 7	Kraftbetriebene Aggregate	12
§ 8	Sprungrettungsgeräte	12
§ 9	Luftheber	13
§ 10	Hydraulisch betätigte Rettungsgeräte	13
§ 11	Kleinboote für die Feuerwehr	14
§ 12	Persönliche Schutzausrüstungen	14
IV.	Betrieb	18
§ 13	Allgemeines	18
A.	Gemeinsame Bestimmungen	18
§ 14	Persönliche Anforderungen	18
§ 15	Unterweisung	19
§ 16	Instandhaltung	19

B.	**Besondere Bestimmungen**	20
§ 17	Verhalten im Feuerwehrdienst	20
§ 18	Feuerwehranwärter und Angehörige der Jugendfeuerwehren	22
§ 19	Wasserförderung	22
§ 20	Betrieb von Verbrennungsmotoren	23
§ 21	Sprungrettung	24
§ 22	Abseilübungen	24
§ 23	Luftheber	25
§ 24	Hydraulisch betätigte Rettungsgeräte	25
§ 25	Dienst an und auf Gewässern	26
§ 26	Tauchereinsatz	26
§ 27	Einsatz mit Atemschutzgeräten	27
§ 28	Einsturz- und Absturzgefahren	27
§ 29	Gefährdung durch elektrischen Strom	28
V.	**Prüfungen**	30
§ 30	Sichtprüfungen	30
§ 31	Regelmäßige Prüfungen	30
VI.	**Ordnungswidrigkeiten**	31
§ 32	Ordnungswidrigkeiten	31
VII.	**Übergangsregelungen**	32
§ 33	Übergangsregelungen	32
VIII.	**In-Kraft-Treten**	33
§ 34	In-Kraft-Treten	33
	Anhang: Vorschriften und Regeln	34

I. Geltungsbereich

§ 1 Geltungsbereich
Diese Unfallverhütungsvorschrift gilt für Feuerwehreinrichtungen und Feuerwehrdienst.

II. Begriffsbestimmungen

§ 2 Begriffsbestimmungen

Im Sinne dieser Unfallverhütungsvorschrift sind:

1. Feuerwehren

Einheiten, die nach landesrechtlichen Bestimmungen als Feuerwehren aufgestellt sind;

2. Feuerwehreinrichtungen

alle für den Feuerwehrdienst eingesetzten sächlichen Mittel, insbesondere bauliche Anlagen, Fahrzeuge, Geräte und Ausrüstungen, ausgenommen Hilfs- und Betriebsstoffe;

3. Feuerwehrangehörige

Personen, die aktiv im Feuerwehrdienst tätig sind (Feuerwehrdienstleistende, Feuerwehranwärter und Angehörige der Jugendfeuerwehren);

4. Feuerwehrdienst

dienstliche Tätigkeiten der Feuerwehrangehörigen, insbesondere bei Ausbildung, Übung und Einsatz;

5. Einsatzort

die Stelle, an der die Feuerwehr dienstlich tätig wird;

6. Unternehmer

der Träger der Feuerwehr nach landesrechtlichen Vorschriften.

III. Bau und Ausrüstung

§ 3 Allgemeines

Der Unternehmer hat dafür zu sorgen, dass Feuerwehreinrichtungen gemäß den Bestimmungen des Abschnittes III beschaffen sind.

Durchführungsanweisungen

Zu § 3: Neben den Bestimmungen des Abschnittes III dieser Unfallverhütungsvorschrift sind für Feuerwehreinrichtungen vom Unternehmer die sonst geltenden Unfallverhütungsvorschriften sowie die allgemein anerkannten sicherheitstechnischen und arbeitsmedizinischen Regeln zu berücksichtigen.

§ 3 a

(1) Für Feuerwehreinrichtungen, die unter den Anwendungsbereich der Richtlinie des Rates vom 14. Juni 1989 zur Angleichung der Rechtsvorschriften der Mitgliedsstaaten für Maschinen (89/392/EWG), zuletzt geändert durch die Richtlinie des Rates vom 20. Juni 1991 (91/368/EWG), und der Richtlinie des Rates vom 30. November 1989 über Mindestvorschriften für Sicherheit und Gesundheitsschutz bei Benutzung von Arbeitsmitteln durch Arbeitnehmer bei der Arbeit (89/655/EWG) fallen, gelten die nachfolgenden Bestimmungen:

(2) Für Feuerwehreinrichtungen, die unter den Anwendungsbereich der Richtlinie 89/392/EWG fallen und nach dem 31. Dezember 1992 erstmals in Betrieb genommen werden, gelten anstatt der Beschaffenheitsanforderungen dieses Abschnitts die Beschaffenheitsanforderungen des Anhangs I der Richtlinie. Der Unternehmer

III. Bau und Ausrüstung

darf diese Feuerwehreinrichtungen nur in Betrieb nehmen, wenn ihre Übereinstimmung mit den Bestimmungen der Richtlinie durch eine EG-Konformitätserklärung nach Anhang II sowie das EG-Zeichen nach Anhang III der Richtlinie nachgewiesen ist.
(3) Absatz 2 gilt nicht für Feuerwehreinrichtungen, die den Bestimmungen dieses Abschnitts entsprechen und bis zum 31. Dezember 1994 in den Verkehr gebracht worden sind.
(4) Feuerwehreinrichtungen, die nicht unter Absatz 2 fallen, müssen spätestens am 1. Januar 1997 mindestens den Anforderungen der Richtlinie 89/655/EWG entsprechen.

§ 4 Bauliche Anlagen

(1) Bauliche Anlagen müssen so eingerichtet und beschaffen sein, dass Gefährdungen von Feuerwehrangehörigen vermieden und Feuerwehreinrichtungen sicher untergebracht sowie bewegt oder entnommen werden können.
(2) Verkehrswege und Durchfahrten von Feuerwehrhäusern müssen so angelegt sein, dass auch unter Einsatzbedingungen Gefährdungen der Feuerwehrangehörigen durch das Bewegen der Fahrzeuge vermieden werden.
(3) Atemschutz-Übungsanlagen müssen so eingerichtet sein, dass eine schnelle Rettung von Feuerwehrangehörigen sichergestellt ist.
(4) Schlauchpflegeanlagen müssen so gestaltet und eingerichtet werden, dass Gefährdungen beim Umgang mit Schläuchen, durch herabfallende Gegenstände und durch Nässe vermieden werden.

Durchführungsanweisungen

Zu § 4 Abs. 1: *Diese Forderung ist z. B. bei Einhaltung folgender Regelungen erfüllt:*

DIN 14092 Teil 1 »Feuerwehrhäuser; Planungsgrundlagen«,
DIN 14092 Teil 2 »Feuerwehrhäuser; Feuerwehrtore«,
DIN 14092 Teil 3 »Feuerwehrhäuser; Feuerwehrturm, Übungswand«,
DIN 14092 Teil 4 »Feuerwehrhäuser; Atemschutz-Werkstätten; Planungsgrundlagen«,
DIN 14092 Teil 5 »Feuerwehrhäuser; Schutzzeugpflege, Reinigung, Desinfektion; Planungsgrundlagen«,
DIN 14092 Teil 6 »Feuerwehrhäuser; Schlauchpflegewerkstätten; Planungsgrundlagen«,
DIN 14097 Teil 1 »Brandübungsanlagen, Allgemeine Anforderungen«,
DIN 14097 Teil 2 »Brandübungsanlagen, gasbetriebene Darstellungsgeräte«,
DIN 14097 Teil 3 »Brandübungsanlagen, holzbefeuerte Brandübungsanlagen«,
DIN 14097 Teil 4 »Brandübungsanlagen, Feuerwehr-Übungshäuser«,

Richtlinien für kraftbetätigte Fenster, Türen und Tore
(GUV-R 1/494, bisher GUV 16.10),
GUV-Regel für die Fahrzeug-Instandhaltung
(GUV-R 157, bisher GUV 17.1),
GUV-Information »Sicherheit im Feuerwehrhaus«
(GUV-I 8554, bisher GUV 50.0.5)

Zu § 4 Abs. 2: Diese Forderung ist z. B. erfüllt, wenn:

- zwischen Fahrzeugen, Geräten und Gebäudeteilen ein Verkehrsweg von mindestens 0,5 m bei geöffneten Fahrzeugtüren oder -klappen verbleibt,
- bei Durchfahrten zwischen Fahrzeug und Gebäudeteilen auf jeder Seite ein Abstand von mindestens 0,5 m besteht sowie diese mindestens 0,2 m höher sind als die maximale Höhe der Fahrzeuge (Einengungen z. B. durch Kipptore oder ähnliche Konstruktionen sind zu berücksichtigen).

III. Bau und Ausrüstung

Sofern es bei bestehenden Feuerwehrhäusern nicht möglich ist, durch Umbau die genannten Mindestabstände zu erreichen, sind die einengenden Gebäudeteile mit einem Warnanstrich zu versehen (siehe UVV »Sicherheits- und Gesundheitsschutzkennzeichnung am Arbeitsplatz« [GUV-V A8, bisher GUV 0.7]).

Gefährdungen durch Bewegen der Fahrzeuge werden z. B. vermieden, wenn durch bauliche oder organisatorische Maßnahmen sichergestellt ist, dass sich die Verkehrswege der an- und ausrückenden Feuerwehrangehörigen nicht kreuzen. Dies kann erreicht werden durch die zweckmäßige Größe und Anordnung der An- und Abfahrten, Parkplätze und Umkleidemöglichkeiten.

Zu § 4 Abs. 3: *Diese Forderung ist z. B. bei Einhaltung der DIN 14093 Teil 1 »Atemschutz-Übungsanlagen; Planungsgrundlagen« erfüllt.*

Zu § 4 Abs. 4: *Diese Forderung ist z. B. bei Einhaltung folgender Regelungen erfüllt:*

- *DIN 14092 Teil 3 »Feuerwehrhäuser; Feuerwehrturm, Übungswand.«*
- *DIN 14092 Teil 6 »Feuerwehrhäuser; Schlauchpflegewerkstätten, Planungsgrundlagen«.*

§ 5 Feuerwehrfahrzeuge und -anhänger

Feuerwehrfahrzeuge und -anhänger müssen so gestaltet sein, dass beim Verladen, Transport und Entladen der Geräte Gefährdungen vermieden werden.

Durchführungsanweisungen

Zu § 5: *Diese Forderung ist z. B. bei Einhaltung der UVV »Fahrzeuge« (GUV-VD 29, bisher GUV 5.1) und der DIN-Normen für Feuerwehrfahrzeuge erfüllt.*

Gefährdungen beim Verladen, Transportieren und Entladen werden z. B. vermieden, wenn

- *die Abstände zwischen den Geräten und den Auf- und Einbauten ausreichende Zugriffsmöglichkeiten bieten, keine scharfen Kanten, vorstehende Teile an den Einbauten vorhanden sind,*
- *mögliche Quetsch-/Scherstellen ausreichend gesichert sind,*
- *die Entnahme von schweren Geräten erleichtert wird,*
- *die Arretierungen der Geräte, Schübe und Klappen auch mit Schutzhandschuhen leicht zugänglich und sicher zu handhaben sind,*
- *die Geräte so arretiert sind, dass sie sich nicht unbeabsichtigt lösen, insbesondere während der Fahrt.*

§ 6 Leitern, Hubrettungsgeräte und Hubarbeitsbühnen

(1) Leitern, Hubrettungsgeräte und Hubarbeitsbühnen müssen so beschaffen und ausgerüstet sein, dass Standfestigkeit und Tragfähigkeit unter Einsatzbedingungen gewährleistet sind.

(2) Bei maschinell betriebenen Leitern und Hubrettungsgeräten müssen zwei voneinander unabhängige Einrichtungen vorhanden sein, die jede für sich allein auch bei ausgeschaltetem Antrieb die Leiter und das Hubrettungsgerät sicher in jeder Stellung halten kann.

Durchführungsanweisungen

Zu § 6 Abs. 1: *Diese Forderung ist z. B. erfüllt, wenn folgende Regelungen eingehalten werden:*

- *UVV »Leitern und Tritte« (GUV-VD 36, bisher GUV 6.4),*
- *GUV-Regel »Betreiben von Arbeitsmitteln« (GUV-R 500, Kap. 2.10),*
- *DIN-Normen für Feuerwehrleitern und Hubrettungsfahrzeuge.*

Die Standfestigkeit ist dann gewährleistet, wenn ausreichende Maßnahmen gegen Umkippen bzw. Wegrollen getroffen werden können. Dies

III. Bau und Ausrüstung

wird z. B. durch Verwendung von Unterlegplatten für die Stützvorrichtungen, Halteleinen oder Rad-Unterlegkeilen erreicht.

§ 7 Kraftbetriebene Aggregate

Kraftbetriebene Aggregate müssen so beschaffen und ausgerüstet sein, dass Gefährdungen der Feuerwehrangehörigen beim Be- und Entladen, beim Tragen, bei der Inbetriebnahme sowie beim Betrieb vermieden werden.

Durchführungsanweisungen

Zu § 7: *Gefährdungen werden z. B. vermieden, wenn*

- *bei Form und Anordnung der Tragegriffe ergonomische Gesichtspunkte berücksichtigt sind,*
- *bei Aggregaten mit Verbrennungsmotor Kurbelrückschlägen durch die Wahl geeigneter Startvorrichtungen vorgebeugt wird (z. B. auch durch Nachrüstung der Kurbel mit einer selbsttätig wirkenden Rückschlagsicherung, Verwendung von Elektrostartern),*
- *an Aggregaten mit Verbrennungsmotor Abgasschläuche angeschlossen werden können.*

§ 8 Sprungrettungsgeräte

Sprungrettungsgeräte müssen den zu erwartenden Belastungen standhalten und eine sichere Handhabung ermöglichen.

Durchführungsanweisungen

Zu § 8: *Diese Forderung ist z. B. erfüllt, wenn Sprungrettungsgeräte DIN 14151 Teil 1 »Sprungrettungsgeräte; Allgemeine Anforderungen, Prüfung«, DIN 14151 Teil 2 »Sprungrettungsgeräte; Sprungtuch 8; Anforde-*

rungen, Prüfung« sowie DIN 14 151 Teil 3 »Sprungrettungsgeräte; Sprungpolster 16; Anforderungen, Prüfung« entsprechen.

§ 9 Luftheber

Die Stellteile der Befehlseinrichtungen von Lufthebern müssen so angeordnet, gestaltet und gekennzeichnet sein, dass sich Feuerwehrangehörige nicht in Bereiche bewegter Lasten bewegen müssen und der Schaltsinn eindeutig erkennbar ist. Die Einleitung der Bewegungen darf nur über Befehlseinrichtungen mit selbsttätiger Rückstellung und nur aus der Nullstellung erfolgen.

Durchführungsanweisungen

Zu § 9: Diese Forderung ist z. B. erfüllt, wenn Luftheber DIN 14 152 Teil 1 »Luftheber für zulässige Betriebsüberdrücke 0,5 oder 1 bar; Anforderungen, Prüfung« entsprechen.

§ 10 Hydraulisch betätigte Rettungsgeräte

(1) Hydraulisch betätigte Rettungsgeräte müssen so gestaltet und bemessen sein, dass sie auch von einer Person allein betätigt werden können. Die Stellteile von Befehlseinrichtungen müssen außerhalb der Wirkbereiche der Rettungsgeräte angeordnet sein und so gestaltet und gekennzeichnet sein, dass der Schaltsinn eindeutig erkennbar ist.

(2) Beim Loslassen der Stellteile von Befehlseinrichtungen oder bei unbeabsichtigtem Druckabfall müssen die beweglichen Teile der Rettungsgeräte in der jeweiligen Lage bleiben. Die Einleitung der Bewegungen darf nur über Befehlseinrichtungen mit selbsttätiger Rückstellung und nur aus der Nullstellung erfolgen. Bei Wiederanfahren unter Last dürfen keine gegenläufigen Bewegungen auftreten.

III. Bau und Ausrüstung

Durchführungsanweisungen

Zu § 10 Abs. 1: *Der Wirkbereich eines Rettungsgerätes ist der Raum, der von beweglichen Teilen (Spreizerarme, Schneidmesser, Rettungszylinder) durchfahren werden kann.*

Zu § 10: *Diese Forderung ist z. B. erfüllt, wenn hydraulisch betätigte Rettungsgeräte*

DIN 14751 Teil 1 »Hydraulisch betätigte Rettungsgeräte für die Feuerwehr; Spreizer«,

DIN 14751 Teil 2 »Hydraulisch betätigte Rettungsgeräte für die Feuerwehr; Schneidgeräte«,

DIN 14751 Teil 3 »Hydraulisch betätigte Rettungsgeräte für die Feuerwehr; Rettungszylinder«,

DIN 14751 Teil 4 »Hydraulisch betätigte Rettungsgeräte für die Feuerwehr; doppelt wirkende hydraulische Rettungsgeräte mit integrierter Pumpe oder Energiequelle« und DIN EN 13204 »Doppelt wirkende hydraulische Rettungsgeräte für die Feuerwehr und Rettungsdienste – Sicherheits- und Leistungsanforderungen« entsprechen.

§ 11 Kleinboote für die Feuerwehr

Kleinboote für die Feuerwehr müssen auch in vollgeschlagenem Zustand schwimmfähig und so gestaltet und ausgerüstet sein, dass sie den Anforderungen bei Feuerwehreinsätzen genügen.

Durchführungsanweisungen

Zu § 11: *Diese Forderung ist z. B. erfüllt, wenn Kleinboote DIN 14961 »Boote für die Feuerwehr« entsprechen.*

§ 12 Persönliche Schutzausrüstungen

(1) Zum Schutz vor den Gefahren des Feuerwehrdienstes bei Ausbildung, Übung und Einsatz müssen folgende persönliche Schutzausrüstungen zur Verfügung gestellt werden:

1. Feuerwehrschutzanzug
2. Feuerwehrhelm mit Nackenschutz
3. Feuerwehrschutzhandschuhe
4. Feuerwehrschutzschuhwerk.

(2) Bei besonderen Gefahren müssen spezielle persönliche Schutzausrüstungen vorhanden sein, die in Art und Anzahl auf diese Gefahren abgestimmt sind.

Durchführungsanweisungen

Zu § 12 Abs. 1 Nr. 1: *Diese Forderung ist z. B. erfüllt, wenn die universelle Feuerwehrschutzkleidung den landesrechtlichen Regelungen entspricht.*

Zu § 12 Abs. 1 Nr. 2: *Diese Forderung ist z. B. erfüllt, wenn Feuerwehrhelme DIN EN 443 »Feuerwehrhelme; Anforderungen, Prüfung« entsprechen. Gehört ein Gesichtsschutz nicht zum Feuerwehrhelm, ist dieser als Zusatzausrüstung bereitzustellen.*

Zu § 12 Abs. 1 Nr. 3: *Diese Forderung ist z. B. erfüllt, wenn Feuerwehrschutzhandschuhe den Anforderungen gemäß DIN EN 659 »Feuerwehrschutzhandschuhe«; entsprechen.*

Zu § 12 Abs. 1 Nr. 4: *Diese Forderung ist z. B. erfüllt, wenn Feuerwehrsicherheitsschuhe den Anforderungen der DIN EN 345 Teil 2 entsprechen.*

Zu § 12 Abs. 2: *Spezielle persönliche Schutzausrüstungen sind insbesondere:*

- *Feuerwehrschutzkleidung gegen erhöhte thermische Einwirkungen,*
- *Feuerwehr-Haltegurt entsprechend DIN 14 927 »Feuerwehr-Haltegurt mit Zweidornschnalle und Karabinerhaken mit Multifunktionsöse – Anforderungen, Prüfung«,*
- *Chemikalienschutzanzüge nach vfdb-Richtlinie 0802 entsprechend der Verwaltungsvereinbarung zwischen den Ländern,*

III. Bau und Ausrüstung

- *Hitzeschutzkleidung,*
- *Kontaminationsschutzkleidung,*
- *Atemschutzgeräte nach vfdb-Richtlinie 0802 entsprechend der Verwaltungsvereinbarung zwischen den Ländern,*
- *Feuerschutzhaube entsprechend DIN EN 13 911 »Schutzkleidung für die Feuerwehr – Anforderungen und Prüfverfahren für Feuerschutzhauben für die Feuerwehr«,*
- *Augen-, Gesichtsschutz (vgl. GUV-Regel »Benutzung von Augen- und Gesichtsschutz« [GUV-R-192, bisher GUV 20.13]),*
- *Feuerwehrleine gemäß DIN 14 920 »Feuerwehrleine; Anforderungen, Prüfung, Behandlung«,*
- *Auftriebsmittel wie Rettungskragen und Schwimmwesten gemäß DIN EN 399 »Rettungswesten und Schwimmhilfen – 275N«,*
- *Tauchgeräte nach vfdb-Richtlinie 0803 entsprechend der Verwaltungsvereinbarung zwischen den Ländern,*
- *Gehörschutzmittel entsprechend DIN EN 352 Teil 1 »Gehörschützer; Sicherheitstechnische Anforderungen und Prüfungen«.*

Zu § 12: *Der Unternehmer ist nach § 29 der UVV »Grundsätze der Prävention« (GUV-VA 1) verpflichtet, geeignete persönliche Schutzausrüstungen zur Abwehr möglicher Unfall- oder Gesundheitsgefahren zur Verfügung zu stellen und diese in ordnungsgemäßem Zustand zu halten.*

Das schließt die Wartung, Pflege und rechtzeitige Aussonderung von persönlichen Schutzausrüstungen ein. D. h., sie ist nach jedem Einsatz durch die Träger auf Vollständigkeit und äußerlich erkennbare Schäden zu prüfen (Sichtprüfung). Schäden durch mechanische Einwirkung bzw. Wärmeeinwirkung können den Verlust oder die Reduzierung von Schutzfunktionen der persönlichen Schutzausrüstung zur Folge haben. Auf Grund von Schäden, bei denen nicht sicher ist, ob die Schutzwirkung erhalten bleibt, sind die entsprechenden Teile auszusondern. Für den Feuerwehr-Haltegurt und die Feuerwehrleine gelten die Angaben der »Prüfgrundsätze für Ausrüstung und Geräte der Feuerwehr« (GUV-G 9102, bisher GUV 67.13) bzw. die Herstellerangaben. Für Feuerwehrhelme nach DIN EN 443 aus duroplastischem Kunststoff ist entsprechend der GUV-Regel »Benutzung von Kopfschutz« (GUV-R 193, bisher GUV 20.15) ein Ausmusterungszeitraum nicht ausdrücklich genannt, aber auch sie können durch mechanische Beschädigungen oder Wärmeeinwirkungen unbrauchbar werden.

Zum Schutz vor den Gefahren des Feuerwehrdienstes sind für jeden Feuerwehrangehörigen die in Absatz 1 Nr. 1 bis 4 bezeichneten persönlichen Schutzausrüstungen bereitzustellen.

Für Angehörige der Jugendfeuerwehren ist die Forderung z. B. erfüllt, wenn

- *ein Anzug nach landesrechtlichen Regelungen*
- *ein Schutzhelm entsprechend DIN EN 397 »Industrieschutzhelme« (vgl. auch GUV-Regel »Benutzung von Kopfschutz« [GUV-R 193, bisher GUV 20.15]),*
- *Sicherheitshandschuhe entsprechend DIN EN 345 Teil 1 bis EN 345 Teil 2,*
- *Schutzhandschuhe*

zur Verfügung gestellt werden.

IV. Betrieb

§ 13 Allgemeines

Die Bestimmungen des Abschnittes IV richten sich an den Unternehmer. Die Bestimmungen der §§ 17 Abs. 1, 19, 20, 23 bis 25, 27 Abs. 1, 28 Abs. 2, 29 Abs. 1 und 30 richten sich auch an den Feuerwehrangehörigen.

A. Gemeinsame Bestimmungen

§ 14 Persönliche Anforderungen

Für den Feuerwehrdienst dürfen nur körperlich und fachlich geeignete Feuerwehrangehörige eingesetzt werden.

Durchführungsanweisungen

Zu § 14: Maßgebend für die Forderung sind die landesrechtlichen Bestimmungen. Entscheidend für die körperliche und fachliche Eignung sind Gesundheitszustand, Alter und Leistungsfähigkeit. Bei Zweifeln am Gesundheitszustand soll ein mit den Aufgaben der Feuerwehr vertrauter Arzt den Feuerwehrangehörigen untersuchen.

Die fachlichen Voraussetzungen erfüllt, wer für die jeweiligen Aufgaben ausgebildet ist und seine Kenntnisse durch regelmäßige Übungen und erforderlichenfalls durch zusätzliche Aus- und Fortbildung erweitert. Dies gilt insbesondere für Atemschutzgeräteträger, Taucher, Maschinisten, Drehleitermaschinisten, Motorkettensägenführer. Zur fachlichen Voraussetzung gehört auch die Kenntnis der Unfallverhütungsvorschriften und der Gefahren des Feuerwehrdienstes.

Besondere Anforderungen an die körperliche Eignung werden insbesondere an Feuerwehrangehörige gestellt, die als Atemschutzgeräteträger, als Taucher oder als Ausbilder in Übungsanlagen zur Brandbekämpfung Dienst tun. Die körperliche Eignung dieser Personen ist nach den berufsgenossenschaftlichen Grundsätzen für arbeitsmedizinische Vorsorgeuntersuchungen festzustellen und zu überwachen:

Für Atemschutzgeräteträger nach G 26 »Atemschutzgeräte«, für Taucher nach G 31 »Überdruck« und für Ausbilder in Übungsanlagen zur Brandbekämpfung nach G 26 »Atemschutzgeräte« und G 30 »Hitzearbeiten«. Siehe auch UVV »Arbeitsmedizinische Vorsorge« (GUV-V A4, bisher GUV 0.6).

§ 15 Unterweisung

Die Feuerwehrangehörigen sind im Rahmen der Aus- und Fortbildung über die Gefahren im Feuerwehrdienst sowie über die Maßnahmen zur Verhütung von Unfällen zu unterweisen.

Durchführungsanweisungen

Zu § 15: *Siehe auch § 4 Unfallverhütungsvorschrift »Grundsätze der Prävention« (GUV-V A1). Die im Feuerwehrbereich insbesondere zu beachtenden Vorschriften und Regeln sind im Anhang aufgeführt.*

Im Rahmen der Aus- und Fortbildung sind die einschlägigen Vorschriften und Regeln zu behandeln. Insbesondere sind Unfallereignisse, deren Ursachen und Maßnahmen zur Unfallverhütung zu erörtern.

§ 16 Instandhaltung

Feuerwehreinrichtungen sind in Stand zu halten und schadhafte Ausrüstungen, Geräte und Fahrzeuge unverzüglich der Benutzung zu entziehen.

IV. Betrieb

Durchführungsanweisungen

Zu § 16: *Nach DIN 31 051 »Instandhaltung; Begriffe und Maßnahmen« umfasst der Begriff »Instandhaltung«: Wartung, Inspektion und Instandsetzung.*
Beseitigung von Mängeln: vgl. auch § 11 der Unfallverhütungsvorschrift »Grundsätze der Prävention« (GUV-V A1).

B. Besondere Bestimmungen

§ 17 Verhalten im Feuerwehrdienst

(1) Im Feuerwehrdienst dürfen nur Maßnahmen getroffen werden, die ein sicheres Tätigwerden der Feuerwehrangehörigen ermöglichen. Im Einzelfall kann bei Einsätzen zur Rettung von Menschenleben von den Bestimmungen der Unfallverhütungsvorschriften abgewichen werden.

(2) Die speziellen persönlichen Schutzausrüstungen sind je nach der Einsatzsituation zu bestimmen.

(3) Feuerwehrangehörige, die am Einsatzort durch den Straßenverkehr gefährdet sind, müssen hiergegen durch Warn- oder Absperrmaßnahmen geschützt werden.

(4) Tragbare Feuerwehrgeräte müssen von so vielen Feuerwehrangehörigen getragen werden, dass diese Feuerwehrangehörigen nicht gefährdet werden.

Durchführungsanweisungen

Zu § 17 Abs. 1: *Diese Forderung ist z. B. erfüllt, wenn*

- *das Tragen der persönlichen Schutzausrüstung überwacht wird. Die Pflicht zum Tragen persönlicher Schutzausrüstung ergibt sich aus § 30 der Unfallverhütungsvorschrift »Grundsätze der Prävention« (GUV-V A1),*

IV. Betrieb 21

- *beim Tragen von isolierender Schutzkleidung eine Überbelastung des Körpers durch Wärmestau vermieden wird,*
- *die Anforderungen bei Ausbildung, Übung und Einsatz den körperlichen und fachlichen Fähigkeiten der Feuerwehrangehörigen angemessen sind,*
- *Anordnungen und Maßnahmen am Einsatzort den feuerwehrtaktischen Belangen entsprechen, unter Beachtung der Bestimmungen der Unfallverhütungsvorschriften,*
- *bei Einsätzen mit Gefährdungen durch gefährliche Stoffe die Verordnung über gefährliche Stoffe, die Biostoff-Verordnung und die landesrechtlichen Bestimmungen zu gefährlichen Stoffen und Gütern beachtet werden,*
- *bei Einsätzen mit Gefährdungen durch radioaktive Stoffe und beim Umgang mit radioaktiven Stoffen zu Ausbildungs- und Übungszwecken die Strahlenschutzverordnung und die landesrechtlichen Bestimmungen zum Strahlenschutz der Feuerwehren beachtet werden,*
- *von sportlichen Übungen, die mit erhöhten Verletzungsgefahren für die Feuerwehrangehörigen verbunden sind, abgesehen wird.*

Zu § 17 Abs. 2: *Wegen der speziellen persönlichen Schutzausrüstung vgl. § 12 Abs. 2.*

Zu § 17 Abs. 3: *Geeignete Warnmaßnahmen sind z. B. das Tragen von Feuerwehrschutzkleidung mit ausreichender Warnwirkung (mindestens DIN EN 471 Klasse 2), Kennzeichnung durch Schilder und Signalgeräte.*

Bei Gefährdung durch den Straßenverkehr sind zur Sicherung der Feuerwehrangehörigen vorrangig Absperrmaßnahmen durchzuführen.

Zu § 17 Abs. 4: *Grundsätzlich sind im Rahmen der feuerwehrtaktischen Belange Feuerwehrfahrzeuge so am Einsatzort aufzustellen, dass lange Transportwege von tragbaren Feuerwehreinrichtungen vermieden werden. Schwere Feuerwehreinrichtungen, wie z. B. Tragkraftspitzen, Strom-*

erzeuger, müssen von mindestens so vielen Personen getragen werden, wie Handgriffe vorhanden sind.

§ 18 Feuerwehranwärter und Angehörige der Jugendfeuerwehren

(1) Beim Feuerwehrdienst von Feuerwehranwärtern und Angehörigen der Jugendfeuerwehren ist deren Leistungsfähigkeit und Ausbildungsstand zu berücksichtigen.

(2) Feuerwehranwärter dürfen nur gemeinsam mit einem erfahrenen Feuerwehrangehörigen eingesetzt werden.

(3) Angehörige der Jugendfeuerwehren dürfen nur nach landesrechtlichen Vorschriften und für Aufgaben außerhalb des Gefahrenbereichs eingesetzt werden.

Durchführungsanweisungen

Zu § 18 Abs. 1: *Hinsichtlich Leistungsfähigkeit (z. B. Altersgrenzen) und Ausbildungsstand (z. B. Grundausbildung) wird auf die landesrechtlichen Vorschriften verwiesen.*

§ 19 Wasserförderung

Strahlrohre, Schläuche und Verteiler sind so zu benutzen, dass Feuerwehrangehörige beim Umgang mit diesen Geräten sowie durch den Wasserstrahl nicht gefährdet werden.

Durchführungsanweisungen

Zu § 19: *Diese Forderung ist z. B. erfüllt, wenn*

– *Schläuche beim Ausrollen unmittelbar an den Kupplungen festgehalten werden,*

- *schlagartiges Öffnen oder Schließen von Verteiler und Strahlrohr vermieden wird (möglichst keine Kugelbahnverteiler verwenden),*
- *nur absperrbare Strahlrohre verwendet werden,*
- *ein schlagendes Strahlrohr nicht aufgehoben wird,*
- *ein B-Strahlrohr von mindestens drei Personen gehalten wird bzw. bei Verwendung eines Stützkrümmers von mindestens zwei Personen,*
- *ein Schlauch nicht am Körper befestigt wird,*
- *beim Besteigen einer Leiter der Schlauch über der Schulter getragen und das Strahlrohr nicht zwischen den Feuerwehr-Haltegurt und den Körper gesteckt wird.*
- *beim Einsatz von Hochdrucklöschgeräten den besonderen Gefahren durch den Hochdruckstrahl Rechnung getragen wird (vgl. GUV-Regel »Betreiben von Arbeitsmitteln« (GUV-R 500, Kap. 2.36),*
- *beim Löschen die mögliche Wasserdampfbildung berücksichtigt wird.*

§ 20 Betrieb von Verbrennungsmotoren

(1) Verbrennungsmotoren sind so zu betreiben, dass Feuerwehrangehörige durch Abgase nicht gefährdet werden.

(2) Werden Verbrennungsmotoren von Hand angeworfen, ist durch geeignete Maßnahmen sicherzustellen, dass Feuerwehrangehörige durch Kurbelrückschlag nicht gefährdet werden.

Durchführungsanweisungen

Zu § 20 Abs. 1: *Diese Forderung ist z. B. erfüllt, wenn Verbrennungsmotoren bei Dauerbetrieb im Freien unter Verwendung von Abgasschläuchen eingesetzt werden.*

Wenn in besonderen Fällen der Betrieb in Räumen erforderlich wird, müssen die Abgase z. B. über Abgasschläuche oder durch geeignete Lüftung ins Freie abgeleitet werden.

IV. Betrieb

Zu § 20 Abs. 2: *Diese Forderung ist z. B. erfüllt, wenn*
- *die Zündanlage richtig eingestellt ist
und*
- *die Kurbel so gefasst wird, dass sie bei einem möglichen Rückschlag aus der Hand gleiten kann.*

§ 21 Sprungrettung

Bei Übungen sind die Sprungrettungsgeräte so zu handhaben und die Fallkörper und -höhen so zu wählen, dass die Haltemannschaft nicht gefährdet wird. Zu Übungszwecken darf nicht gesprungen werden.

Durchführungsanweisungen

Zu § 21: *Verletzungsgefahren werden vermieden, wenn das Sprungtuch von mindestens 16 Personen gehalten wird und das Gewicht des Fallkörpers auf 50 kg und die Fallhöhe auf 6 m begrenzt werden.*
Zu Übungen zählen auch Vorführungen.

§ 22 Abseilübungen

Rettungs- und Selbstrettungsübungen sind so durchzuführen, dass die Übenden nicht gefährdet werden.

Durchführungsanweisungen

Zu § 22: *Verletzungen werden z. B. vermieden, wenn*
- *Abseilübungen nur bis zur Höhe von 8 m durchgeführt werden und eine Sicherungsleine angelegt wird,*
- *vor Abseilübungen aus den zulässigen Höhen Gewöhnungsübungen aus geringeren Höhen, beginnend bei Geschosshöhe, durchgeführt werden.*

(Vgl. auch GUV-Regel (»Benutzung von persönlichen Schutzausrüstungen gegen Absturz« [GUV-R 198, bisher GUV 10.4]) GUV-Regel »Einsatz von persönlichen Schutzausrüstungen zum Retten aus Höhen und Tiefen« (GUV-R 199, bisher GUV 20.28) GUV-Information »Haltegurte und Verbindungsmittel für Haltegurte« und FwDV 1/2 »Technische Hilfeleistung und Rettung«.

§ 23 Luftheber

(1) Die Stellteile der Befehlseinrichtungen von Lufthebern sind so aufzustellen, dass die Feuerwehrangehörigen weder durch Tragmittel noch durch Lasten gefährdet werden.

(2) Luftheber sind so aufzustellen und zu benutzen, dass spitze oder scharfe Gegenstände sowie thermische Einwirkungen tragende Teile des Gerätes nicht beschädigen.

§ 24 Hydraulisch betätigte Rettungsgeräte

(1) Bei der Verwendung hydraulisch betätigter Rettungsgeräte ist durch geeignete Maßnahmen darauf zu achten, dass Feuerwehrangehörige durch freigesetzte oder auf andere Gegenstände übertragende Energien nicht verletzt werden.

(2) Beim Arbeiten mit hydraulisch betätigten Rettungsgeräten müssen Feuerwehrangehörige Gesichtsschutz tragen.

Durchführungsanweisungen

Zu § 24 Abs. 1: *Diese Forderung ist erfüllt, wenn*

– *mit dem Rettungsgerät so gearbeitet wird, dass Verletzungen durch das Wegschnellen unter Materialspannung stehender Teile vermieden werden,*
– *bei Übungen keine Schneidversuche an zu starken Materialien (vgl. Einsatzgrenzen lt. Betriebsanleitung) durchgeführt werden,*

- *Schneidgeräte am zu schneidenden Teil möglichst rechtwinklig angesetzt werden,*
- *nicht eingesetzte Feuerwehrangehörige sich während des Arbeitsvorganges außerhalb des Gefahrenbereichs aufhalten.*

§ 25 Dienst an und auf Gewässern

Besteht die Gefahr, dass Feuerwehrangehörige ertrinken können, müssen Auftriebsmittel getragen werden. Ist dies aus betriebstechnischen Gründen nicht möglich, ist auf andere Weise eine Sicherung herzustellen.

Durchführungsanweisungen

Zu § 25: Betriebstechnische Gründe liegen z. B. vor, wenn Auftriebsmittel wegen anderer zusätzlicher Ausrüstungen, z. B. Sonderschutzkleidung, nicht getragen werden können.
Eine Sicherung ist z. B. durch Anseilen der Feuerwehrangehörigen gegeben.
Eine Rettung kann z. B. auch durch Einsatz eines Wasserfahrzeuges unterstützt werden.

§ 26 Tauchereinsatz

(1) Bei Tauchereinsätzen sind die erforderlichen Anordnungen und Maßnahmen zu treffen, um Gefährdungen von Feuerwehrangehörigen zu vermeiden.

(2) Feuerwehrangehörige dürfen nur zu solchen Tauchereinsätzen herangezogen werden, für die sie ausgebildet und für die geeignete Tauchgeräte vorhanden sind.

Durchführungsanweisungen

Zu § 26: *Diese Forderung ist erfüllt, wenn z. B. die Bestimmungen der FwDV 8 »Tauchen« eingehalten werden.*

§ 27 Einsatz mit Atemschutzgeräten

(1) Können Feuerwehrangehörige durch Sauerstoffmangel oder durch Einatmen gesundheitsschädigender Stoffe gefährdet werden, müssen je nach der möglichen Gefährdung geeignete Atemschutzgeräte getragen werden.

(2) Beim Einsatz mit von der Umgebungsatmosphäre unabhängigen Atemschutzgeräten ist dafür zu sorgen, dass eine Verbindung zwischen Atemschutzgeräteträger und Feuerwehrangehörigen, die sich in nicht gefährdetem Bereich aufhalten, sichergestellt ist.

(3) Je nach der Situation am Einsatzort muss ein Rettungstrupp mit von der Umgebungsatmosphäre unabhängigen Atemschutzgeräten zum sofortigen Einsatz bereitstehen.

Durchführungsanweisungen

Zu § 27 Abs. 3: *Situationen, in denen kein Sicherheitstrupp bereitzustellen ist, sind in der FwDV 7 »Atemschutz« beschrieben.*

Zu § 27: *Diese Forderungen sind erfüllt, wenn z. B. die Bestimmungen der FwDV 7 »Atemschutz« eingehalten werden.*

§ 28 Einsturz- und Absturzgefahren

(1) Bei Objekten, deren Standsicherheit zweifelhaft ist, müssen Sicherungsmaßnahmen gegen Einsturz getroffen werden, soweit dies zum Schutz der Feuerwehrangehörigen erforderlich ist.

(2) Decken und Dächer, die für ein Begehen aus konstruktiven Gründen oder durch Brand und sonstige Einwirkungen nicht ausreichend tragfähig sind sowie sonstige Stellen mit Absturzgefahr dürfen nur betreten werden, wenn Sicherungsmaßnahmen gegen Durchbruch und Absturz getroffen sind.

Durchführungsanweisungen

Zu § 28 Abs. 1: *Geeignete Sicherungsmaßnahmen gegen Einsturz sind z. B. Abstützen oder Verbauen. Nicht gesicherte Objekte sind kenntlich zu machen oder abzusperren. Bei Stemm-, Abbruch- und Aufräumarbeiten sind Gefährdungen durch herabfallende Gegenstände zu vermeiden.*

Zu § 28 Abs. 2: *Sicherungsmaßnahmen sind der Einsatz von persönlichen Schutzausrüstungen gegen Absturz bzw. zum Halten sowie Benutzen von Hilfsmitteln wie tragfähige Bohlen, Leitern.*

§ 29 Gefährdung durch elektrischen Strom

(1) Es dürfen nur solche ortsveränderlichen elektrischen Betriebsmittel eingesetzt werden, die entsprechend den zu erwartenden Einsatzbedingungen ausgelegt sind.

(2) Bei Einsätzen in elektrischen Anlagen und in deren Nähe sind Maßnahmen zu treffen, die verhindern, dass Feuerwehrangehörige durch elektrischen Strom gefährdet werden.

Durchführungsanweisungen

Zu § 29 Abs. 1: *Diese Forderung ist erfüllt, wenn die ortsveränderlichen elektrischen Betriebsmittel DIN VDE 0100 »Bestimmungen über das Errichten von Starkstromanlagen mit Nennspannungen bis 1000 V« entsprechen.*

Als Schutzmaßnahmen stehen gleichberechtigt nebeneinander:
- Schutzkleinspannung,
- Schutztrennung,
- Schutzisolierung,
- Personenschutzschalter (Differenzstromschutzeinrichtung).

Vorrangig sind für die Stromversorgung die Stromerzeuger der Feuerwehr einzusetzen.

Sollte in Ausnahmefällen aufgrund der Einsatzsituation ein anderer Speisepunkt erforderlich sein, darf der Anschluss nur über einen Personenschutzschalter (Differenzstromschutzeinrichtung mit Fehlerstrom-, Schutzleiterbruch-, Schutzleiterspannungs- und Fremdspannungsüberwachung) erfolgen.

Soweit eine Differenzstromschutzeinrichtung als Schutz gegen gefährliche Körperströme eingesetzt wird, ist dieser möglichst nahe an der Stromentnahmestelle zu installieren.

Zu § 29 Abs. 2: *Diese Forderung schließt ein, dass*

- *geeignete Werkzeuge und Hilfsmittel benutzt werden, z. B.*
- *isolierte Werkzeuge,*
- *Erdungsstangen*
- *Kurzschließeinrichtungen,*
- *isolierende Abdeckungen,*
- *isolierende Schutzbekleidung;*
- *DIN VDE 0132 »Brandbekämpfung im Bereich elektrischer Anlagen« beachtet wird,*
- *Unterweisungen durchgeführt werden.*

V. Prüfungen

§ 30 Sichtprüfungen

Feuerwehr-Sicherheitsgurte, Fangleinen, Sprung-Rettungsgeräte, Leitern und ortsveränderliche elektrische Betriebsmittel sind nach jeder Benutzung einer Sichtprüfung auf Abnutzung und Fehlerstellen zu unterziehen.

Durchführungsanweisungen

Zu § 30: Diese Forderung ist erfüllt, wenn diese Geräte und Ausrüstungen einer Kontrolle auf äußerlich erkennbare Schäden und Mängel ohne Zuhilfenahme von Prüfmitteln unterzogen werden.

Für ortsveränderliche elektrische Betriebsmittel wird zusätzlich auf die Prüfbestimmung der UVV »Elektrische Anlagen und Betriebsmittel« verwiesen. (Vgl. auch GUV-Information »Prüfung ortsveränderlicher elektrischer Betriebsmittel« [GUV-I 8524, bisher GUV 22.1].)

§ 31 Regelmäßige Prüfungen

Feuerwehr-Sicherheitsgurte, Hakengurte, Fangleinen, Luftheber, Sprungrettungsgeräte, Hubrettungsgeräte, Drehleitern mit Handantrieb, Anhängeleitern, tragbare Leitern, Seile und hydraulisch betätigte Rettungsgeräte sowie Druck- und Saugschläuche sind regelmäßig zu prüfen. Über das Ergebnis der Prüfungen ist ein schriftlicher Nachweis zu führen.

Durchführungsanweisungen

Zu § 31: Art, Zeitpunkt, Umfang und Durchführung der Prüfungen sind aus den »Prüfgrundsätzen für Ausrüstung und Geräte der Feuerwehr« (GUV-G 9102, bisher GUV 67.13) ersichtlich.

VI. Ordnungswidrigkeiten

§ 32 Ordnungswidrigkeiten

Ordnungswidrig im Sinne des § 209 Abs. 1 Nr. 1 Siebtes Buch Sozialgesetzbuch (SGB VII) handelt, wer vorsätzlich oder fahrlässig den Bestimmungen des

- § 3a Abs. 2 Satz 2,
- § 3 in Verbindung mit §§ 4 Abs. 2 bis 4, 6 bis 12 oder
- § 13 in Verbindung mit §§ 16, 21, 22, oder 31

zuwiderhandelt.

VII. Übergangsregelungen

§ 33 Übergangsregelungen

(1) Soweit beim In-Kraft-Treten dieser Unfallverhütungsvorschrift bauliche Anlagen errichtet oder Feuerwehrfahrzeuge beschafft sind, die den Anforderungen dieser Unfallverhütungsvorschrift nicht entsprechen, sind die Bestimmungen dieser Unfallverhütungsvorschrift nur bei wesentlichen Erweiterungen oder Umbauten anzuwenden.

(2) Unbeschadet des Absatzes 1 kann der Träger der gesetzlichen Unfallversicherung bestimmen, dass eine bauliche Anlage oder ein Feuerwehrfahrzeug entsprechend dieser Unfallverhütungsvorschrift geändert wird, wenn ohne die Änderung erhebliche Gefahren für Leben oder Gesundheit der Feuerwehrangehörigen zu befürchten sind.

VIII. In-Kraft-Treten

§ 34 In-Kraft-Treten

(1) Diese Unfallverhütungsvorschrift tritt am 1. Januar 1993 in Kraft.
Der 2. Nachtrag zu dieser Unfallverhütungsvorschrift tritt am 1. Januar 1997 in Kraft.

Anhang: Vorschriften und Regeln

Nachstehend sind die insbesondere zu beachtenden einschlägigen Vorschriften und Regeln zusammengestellt:

1. Unfallverhütungsvorschriften
(Bezugsquelle: zuständiger Unfallversicherungsträger)

Unfallverhütungsvorschrift »Grundsätze der Prävention« (GUV-V A 1),
Unfallverhütungsvorschrift »Elektrische Anlagen und Betriebsmittel« (GUV-V A 3, bisher GUV-V A 2),
Unfallverhütungsvorschrift »Arbeitsmedizinische Vorsorge« (GUV-V A 4, bisher GUV 0.6),
Unfallverhütungsvorschrift »Krane« (GUV-V D 6, bisher GUV 4.1),
Unfallverhütungsvorschrift »Winden, Hub- und Zuggeräte« (GUV-V D 8, bisher GUV 4.2),
Unfallverhütungsvorschrift »Fahrzeuge« (GUV-V D 29, bisher GUV 5.1),
Unfallverhütungsvorschrift »Leitern und Tritte« (GUV-V D 36, bisher GUV 6.4).

2. Regeln für Sicherheit und Gesundheitsschutz, Informationen, Richtlinien, Sicherheitsregeln, Merkblätter
(Bezugsquelle: Schriften mit GUV-Nummer zu beziehen vom zuständigen Unfallversicherungsträger; Schriften mit BGR-/BGI-/BGG- bzw. ZH 1-Nummer zu beziehen vom Carl Heymanns Verlag KG, Luxemburger Straße 449, 50939 Köln)

GUV-Regel »Fahrzeug-Instandhaltung« (GUV-R 157, bisher GUV 17.1),
Richtlinien für austauschbare Kipp- und Absetzbehälter (GUV-R 186, bisher GUV 15.6),

GUV-Regel »Benutzung von Atemschutzgeräten« (GUV-R 190, bisher GUV 20.14),
GUV-Regel »Benutzung von Fuß- und Beinschutz« (GUV-R 191, bisher GUV 20.16),
GUV-Regel »Benutzung von Augen- und Gesichtsschutz« (GUV-R 192, bisher GUV 20.13),
GUV-Regel »Benutzung von Kopfschutz« (GUV-R 193, bisher GUV 20.15),
GUV-Regel »Benutzung von Schutzhandschuhen« (GUV-R 195, bisher GUV 20.17),
GUV-Regel »Benutzung von persönlichen Schutzausrüstungen gegen Absturz« (GUV-R 198, bisher GUV 10.4),
GUV-Regel »Betreiben von Arbeitsmitteln« (GUV-R 500, Kap. 2.36),
Sicherheitsregeln für das Tauchen in Hilfeleistungsunternehmen (GUV-R 2101, bisher GUV 10.7),
Richtlinien für kraftbetätigte Fenster, Türen und Tore (GUV-R 1/494, bisher GUV 16.10),
GUV-Information »Sicherer Feuerwehr-Dienst« (GUV-I 8558, bisher GUV 50.0.10),
Prüfgrundsätze für Ausrüstung und Geräte der Feuerwehr (GUV-G 9102, bisher GUV 67.13).
(Bezugsquelle: Gentner Verlag, Forststraße 131, 70193 Stuttgart)
Grundsätze für arbeitsmedizinische Vorsorgeuntersuchungen
G 26 Atemschutzgeräte
G 31 Überdruck

3. DIN-Normen
(Bezugsquelle: Beuth-Verlag GmbH, Burggrafenstr. 6, 10787 Berlin)

DIN VDE 0100   Bestimmungen für das Errichten von Starkstromanlagen mit Nennspannungen bis 1000 V,
DIN VDE 0132   Brandbekämpfung im Bereich elektrischer Anlagen

DIN EN 137	Atemschutzgeräte; Behältergeräte mit Druckluft (Pressluftatmer); Anforderungen, Prüfung, Kennzeichnung,
DIN EN 250	Atemgeräte; Autonome Leichttauchgeräte mit Druckluft; Anforderungen, Prüfung, Kennzeichnung,
DIN EN 345–1	Sicherheitsschuhe für den gewerblichen Bereich; Spezifikation,
DIN EN 345–2	Sicherheitsschuhe für den gewerblichen Bereich; Zusätzliche Spezifikation,
DIN EN 352–1	Gehörschützer; Sicherheitstechnische Anforderungen und Prüfungen; Kapselgehörschützer,
DIN EN 368	Schutzkleidung; Schutz gegen flüssige Chemikalien; Prüfverfahren: Widerstand von Materialien gegen die Durchdringung von Flüssigkeiten,
DIN EN 388	Schutzhandschuhe gegen mechanische Risiken
DIN EN 397	Industrieschutzhelme,
DIN EN 399	Rettungswesten und Schwimmhilfen – 275 N,
DIN EN 407	Schutzhandschuhe gegen thermische Risiken,
DIN EN 443	Feuerwehrhelme; Anforderungen, Prüfung,
DIN EN 465	Schutzkleidung – Schutz gegen flüssige Chemikalien – Leistungsanforderungen an Chemikalschutzkleidung mit spraydichten Verbindungen zwischen den verschiedenen Teilen der Kleidung,
DIN EN 466	Schutzkleidung – Schutz gegen flüssige Chemikalien – Leistungsanforderungen an Chemikalschutzkleidung mit flüssigkeitsdichten Verbindungen zwischen den verschiedenen Teilen der Kleidung,
DIN EN 467	Schutzkleidung – Schutz gegen flüssige Chemikalien – Leistungsanforderungen an Kleidungsstücke, die für Teile des Körpers einen Schutz gegen Chemikalien gewähren,
DIN EN 471	Warnkleidung,

Anhang: Vorschriften und Regeln 37

DIN EN 659	Feuerwehrschutzhandschuhe,
DIN EN 1147	Tragbare Leitern für die Feuerwehr,
DIN EN 1731	Augen- und Gesichtsschutzgeräte aus Draht- oder Kunststoffgewebe für den gewerblichen und nichtgewerblichen Gebrauch zum Schutz gegen mechanische Gefährdung und/oder Hitze,
DIN EN 1846 Teil 1	Feuerwehrfahrzeuge; Nomenklatur und Bezeichnung,
DIN EN 1846 Teil 2	Feuerwehrfahrzeuge; Allgemeine Anforderungen; Sicherheit und Leistung,
DIN EN 13911	Schutzkleidung für die Feuerwehr; Anforderungen und Prüfverfahren für Feuerschutzhauben für die Feuerwehr,
DIN 14092 Teil 1	Feuerwehrhäuser; Planungsgrundlagen,
DIN 14092 Teil 2	Feuerwehrhäuser; Feuerwehrtore,
DIN 14092 Teil 3	Feuerwehrhäuser; Feuerwehrturm, Übungswand,
DIN 14092 Teil 4	Feuerwehrhäuser; Atemschutz-Werkstätten, Planungsgrundlagen
DIN 14092 Teil 5	Feuerwehrhäuser; Schutzzeugpflege, Reinigung, Desinfektion; Planungsgrundlagen,
DIN 14092 Teil 6	Feuerwehrhäuser; Schlauchpflegewerkstätten; Planungsgrundlagen,
DIN 14093 Teil 1	Atemschutz-Übungsanlagen; Planungsgrundlagen,
E DIN 14097 Teil 1	Brandübungsanlagen, Allgemeine Anforderungen,
E DIN 14097 Teil 2	Brandübungsanlagen, gasbetriebene Darstellungsgeräte,

Anhang: Vorschriften und Regeln

DIN 14151 Teil 1	Prüfung, Sprungrettungsgeräte; Allgemeine Anforderungen,
DIN 14151 Teil 2	Sprungrettungsgeräte; Sprungtuch 8; Anforderungen, Prüfung,
DIN 14151 Teil 3	Sprungrettungsgeräte; Sprungpolster 16; Anforderungen, Prüfung,
DIN 14152 Teil 1	Luftheber für zulässige Betriebsüberdrücke 0,5 oder 1 bar; Anforderungen, Prüfung,
DIN 14365 Teil 1	Mehrzweckstrahlrohre; PN 16, Maße, Werkstoff, Ausführung, Kennzeichnung,
DIN 14365 Teil 2	Mehrzweckstrahlrohre; PN 16; Anforderungen, Prüfung,
DIN 14502 Teil 1	Feuerwehrfahrzeuge; Übersicht,
DIN 14503	Feuerwehranhänger, einachsig; Allgemeine Anforderungen,
DIN 14520	Tragkraftspritzen-Anhänger,
DIN 14530 Teil 1	Löschfahrzeuge; Typen, Anforderungen an löschtechnische Einrichtungen,
DIN 14530 Teil 8	Löschfahrzeuge; Löschgruppenfahrzeug LF 16-TS für den Katastrophenschutz,
DIN 14530 Teil 16	Löschfahrzeuge; Tragkraftspritzenfahrzeug TSF,
DIN 14530 Teil 20	Löschfahrzeuge; Tanklöschfahrzeug TLF 16/25,
DIN 14530 Teil 21	Löschfahrzeuge; Tanklöschfahrzeug TLF 24/50,
DIN 14565	Schlauchwagen SW 2000-Tr,
DIN 14572	Abgasschläuche und Abgasschlauch-Anschlüsse,
DIN 14584	Feuerwehrfahrzeuge; Zugeinrichtungen mit maschinellem Antrieb, Anforderungen, Prüfung,

DIN 14701 Teil 1	Hubrettungsfahrzeuge; Zweck, Begriffe, Sicherheitseinrichtungen, Anforderungen,
DIN 14701 Teil 2	Hubrettungsfahrzeuge; Drehleitern mit maschinellem Antrieb,
DIN 14702	Drehleiter DL 16–4 mit Handantrieb,
DIN 14703	Anhängeleiter AL 16–4,
DIN 14713	Klappleiter,
DIN 14751 Teil 1	Hydraulisch betätigte Rettungsgeräte für die Feuerwehr; Spreizer,
DIN 14751 Teil 2	Hydraulisch betätigte Rettungsgeräte für die Feuerwehr; Schneidegeräte,
DIN 14751 Teil 3	Hydraulisch betätigte Rettungsgeräte für die Feuerwehr; Rettungszylinder,
DIN 14920	Feuerwehrleine; Anforderungen, Prüfung, Behandlung,
DIN 14926	Feuerwehr-Haltegurt mit Zweidornschnalle für den Notrettungseinsatz – Anforderungen, Prüfung,
DIN 14961	Boote für die Feuerwehr,
DIN 31051	Instandhaltung; Begriffe und Maßnahmen.

4. Andere Schriften

(Bezugsquelle: Deutscher Feuerwehrverband,
 Koblenzer Str. 133, 53177 Bonn)
Feuerwehrdienstvorschriften (FwDV), insbesondere
FwDV 7 Atemschutz,
FwDV 8 Tauchen,
FwDV 9/1 und 9/2 Strahlenschutz.

(Bezugsquelle: Binnenschifffahrts-Berufsgenossenschaft,
 Düsseldorfer Str. 193, 47053 Duisburg)
Grundsätze für die sicherheitstechnische Beurteilung von Rettungskragen und Schwimmwesten.

Scholz/Runge
Niedersächsisches Brandschutzgesetz
Kommentar

7., überarbeitete Auflage 2008
XX, 436 Seiten mit 111 Abb., davon 96 in Farbe. Kart.
€ 46,-
ISBN 978-3-555-20320-1

Klaus Schneider
Feuerschutzhilfeleistungsgesetz Nordrhein-Westfalen
Kommentar für die Praxis

8., neu bearb. Auflage 2008
XII, 450 Seiten. Kart.
€ 32,-
ISBN 978-3-555-30462-5

Detlef Stollenwerk
Brand- und Katastrophenschutzgesetz Rheinland-Pfalz

2005. X, 158 Seiten mit 7 Abb. und 3 Tab. Kart.
€ 7,90
ISBN 978-3-555-45138-1

Diegmann/Thome
Brand- und Katastrophenschutzrecht im Saarland
Kommentar für die Praxis

2008. X, 228 Seiten. Kart.
€ 49,-
ISBN 978-3-555-49003-8

Jürgen Plaggenborg
Sächsisches Gesetz über den Brandschutz, Rettungsdienst und Katastrophenschutz
Kommentar mit ergänzenden Vorschriften

2007. XXII, 368 Seiten mit 68 Abb. Kart.
€ 16,80
ISBN 978-3-555-54042-9

Diegmann/Lankau
Hessisches Brand- und Katastrophenschutzrecht
Kommentar

8., neu bearb. Auflage 2010
XII, 309 Seiten. Kart.
€ 34,90
ISBN 978-3-555-01477-7

▶ www.kohlhammer.de

Deutscher Gemeindeverlag GmbH · 70549 Stuttgart
Tel. 0711/7863 - 7280 · Fax 0711/7863 - 8430